AF586944

MANUEL PRATIQUE

POUR

L'ALIMENTATION ÉCONOMIQUE

DU BÉTAIL

***EXTRAIT** d'une Conférence faite au « Syndicat Agricole de Bourg »*

PAR

Victor CAMBON

INGÉNIEUR DES ARTS ET MANUFACTURES

PRÉSIDENT DE LA SOCIÉTÉ DE VITICULTURE DE LYON

Prix : 60 centimes

BOURG

IMPRIMERIE VILLEFRANCHE

8, place de l'Hôtel-de-Ville, 8

—

1894

L'ALIMENTATION DU BÉTAIL

Conférence faite le 8 Novembre 1895

AU SYNDICAT AGRICOLE DE BOURG

Considérations Générales

« La faim fait, dit le proverbe, sortir le loup du bois. » Les malheurs qui nous désolent engendrent les progrès et les remèdes qui nous permettent d'en triompher. Combien il serait facile de développer cette idée et d'en démontrer par des exemples la constante justesse. Le phylloxéra n'a-t-il pas été pour le viticulteur le point de départ de perfectionnements qui seraient encore à créer si cet insecte malfaisant n'avait point existé ? Peut-on comparer la tenue de nos vignobles d'il y a 30 ans avec celle de nos vignobles d'aujourd'hui ?

Pour les céréales, la concurrence étrangère, ce phylloxéra d'une autre espèce, n'a-t-elle pas engendré des procédés nouveaux ? Semences améliorées, méthode de culture plus rationnelle, emploi large et judicieux des engrais ; je pourrais multiplier les exemples et vous montrer que, dans toutes les spéculations humaines, la concurrence et des nécessités cruelles ont surexcité l'intelligence et l'ingéniosité des producteurs, et partout le génie de l'homme a triomphé des difficultés qui naissaient sous ses pas.

Le propre de la réussite constante est de nous enliser dans la routine, tandis que les obstacles et les déboires nous entrainent à la recherche acharnée du progrès.

C'est là un des côtés les plus consolants de la lutte pour la vie qui est la loi de l'humanité.

L'année 1893 s'inscrira dans l'histoire de notre agriculture parmi les plus néfastes, au point de vue de la récolte fourragère. Il n'est pas un de vous qui ne se demande avec anxiété comment il fera passer l'hiver à son bétail, et déjà la plupart des agriculteurs se sont débarrassés à vil prix d'une partie de leur cheptel. C'est une perte énorme pour chacun en particulier et pour l'agriculture française en général. De cette cruelle épreuve devra naitre une étude plus approfondie de la meilleure manière de nourrir le bétail économiquement. Et s'il en est ainsi, on pourra dire qu'à quelque chose malheur est bon.

Tel est le sentiment qui m'a guidé, Messieurs, lorsque votre Bureau m'ayant fait l'honneur de me demander de développer ici un sujet agricole, je lui indiquais, comme étant tout à fait de circonstance, la question de l'*alimentation du bétail.*

S'il était dans la pensée de quelques-uns d'entre vous que peu importe la manière dont on nourrit le bétail pourvu qu'on l'élève, qu'on l'entretienne et qu'on l'engraisse au moment voulu, il est évident que la conférence que j'ai l'honneur de vous faire serait sans utilité pratique ; mais j'ai lieu de supposer que la plupart d'entre vous sont très loin d'un semblable préjugé, et j'ai l'entière confiance que ceux-là même auxquels les innovations s'appuyant sur la science paraissent le plus suspectes, sortiront d'ici sinon convaincus de leur erreur, tout au moins décidés à mettre à l'essai les principes que je vais vous exposer.

Il me parait sans doute superflu de vous poser le problème à résoudre qui est le suivant : *Etant donné un animal de ferme, en retirer le maximum de produits avec le minimum de dépenses.*

Or, on ne peut vraisemblablement en trouver la solution que si on connait, d'une part la composition des éléments utiles des aliments, et, d'autre part, le mode d'action de ces éléments sur l'économie animale.

Des savants, du plus haut mérite, ont consacré leur temps à cette vaste étude. Je vous citerai ici les noms de MM. Boussingault, Allibert, Samson, Walker, Stohmann, Vekherlin, Pettenkofer, Kuhn, Wolff, et enfin celui d'un homme qui est une gloire pour notre département de l'Ain, le nom de Jules Crevat; l'ouvrage de M. Crevat, fruit de vingt-cinq années de travaux théoriques et d'applications pratiques est, à mon avis, le plus remarquable qui ait été écrit sur la matière. Un seul reproche peut lui être adressé : c'est un travail trop complet. M. Crevat a tout prévu, tout calculé, tout analysé ; il a donné des formules pour les cas les plus spéciaux ; de plus, il ne se contente pas de donner des formules, mais, avec une conscience inviolable, il nous développe partout leur démonstration. Il en résulte que son livre, que je n'hésite pas à qualifier de chef-d'œuvre pour les gens du métier, étonne et décourage les praticiens, précisément parce qu'il est trop substantiel et, disons le mot, trop savant.

Au reste, je me permettrai d'adresser une observation analogue à la plupart des ouvrages agronomiques qui traitent de l'alimentation du bétail. Rien n'est plus difficile que de présenter au public un travail assez clair et assez simple pour être accessible à toutes les intelligences, et en même temps suffisamment instructif pour rendre de réels services. C'est ce que je vais m'efforcer de faire, sans avoir la prétention d'y réussir complètement. Vous comprendrez d'ailleurs que, dans le cadre restreint d'une Conférence unique, je ne puisse traiter le sujet que dans ses grandes lignes.

L'Organisation Animale

Pour l'exploitant agricole, *l'animal est une machine destinée à fabriquer des produits avec des fourrages comme matière première.*

Par quel mécanisme s'effectue cette transformation ? Je le dirai en peu de mots :

Les fourrages ou aliments donnés aux animaux traversent dans toute sa longueur le tube digestif, tube très allongé chez les herbivores, relativement court chez les carnivores.

La première opération à laquelle sont soumis les aliments est la *mastication* pendant laquelle ils sont soumis à l'action de la *salive*. Le liquide salivaire, alcalin, dissout et transforme en dextrine l'amidon du fourrage.

De la bouche, le bol alimentaire passe par l'*œsophage* dans l'estomac qui se compose, chez les ruminants, de plusieurs poches ou compartiments ; au premier de ces compartiments, où ils ne sont pour ainsi dire qu'entreposés, les aliments reviennent dans la bouche où ils sont *ruminés* ; après cette mastication plus complète, ils tombent dans l'estomac proprement dit. Là, ils sont imprégnés d'un suc secrété par une quantité de glandes contenues dans les parois de cet organe ; le principe de ce suc est la *pepsine* qui dissout les matières albuminoïdes ou azotées. Le résultat de cette dissolution est une pâte acide nommée *chyme.*

En même temps, l'eau contenue dans les aliments, ou ingurgitée en nature, est en partie absorbée par les veines de l'estomac et passe dans le torrent de la circulation sanguine avec une partie du sucre des aliments.

Le chyme parvient dans la partie de l'intestin nommée intestin grêle ou *duodenum*, où il rencontre la bile secrétée par le *foie* et le suc alcalin du *pancréas*. L'acidité du chyme y est neutralisée, la dextrine et l'amidon y sont transformés en sucre, les matières grasses sont émulsionnées et le tout peut être absorbé par les *vaisseaux chylifères*.

Les aliments poursuivent leur parcours dans l'intestin grêle et le gros intestin, y subissant l'action du suc intestinal, les vaisseaux chylifères continuant à les absorber. Finalement, les portions non digestibles sont expulsées au dehors sous forme d'*excréments* ; dans ces derniers, se retrouve, avec la cellulose, une partie plus ou moins grande des éléments nutritifs qui ont échappé à la digestion.

Quant au chyle, les vaisseaux chylifères le déversent dans un canal situé près de l'épine dorsale où il se mélange au sang veineux. Le chyle et le sang veineux mélangés parviennent dans le ventricule droit du cœur qui les chasse dans le poumon où ils se trouvent en contact avec l'oxygène de l'air ; l'oxygène se fixe sur les globules du sang, tandis que l'acide carbonique du sang veineux est expulsé avec l'air au travers d'une masse de vapeur d'eau.

Le sang chargé d'oxygène ou sang artériel est rouge vif ; il revient du poumon au cœur ; le ventricule gauche de ce dernier le chasse par les artères dans toutes les parties du corps qu'il est chargé de vivifier et d'alimenter.

Dans l'intérieur des tissus où il circule par les *capillaires*, il se fait un échange continuel de matériaux, les uns usés par le travail des organes, passent dans le sang avec leur carbone brûlé par l'oxygène et transformés en acide carbonique (cette opération est absolument identique à la combustion du charbon dans un foyer; elle est la cause constante de la chaleur animale), les autres qui sont des composés azotés se suroxydent aussi et se transforment en *acide urique* et en *urée* qui s'éliminent en même temps que de l'eau et des sels organiques par les urines. Enfin, le sang redevenu sang veineux et rendu brunâtre par cette transformation, retourne dans la partie droite du cœur, de là au poumon, et ainsi de suite. On a pu dire avec raison que dans cette opération qui alimente la vie animale, les globules du sang jouent le rôle d'une infinité de petits navires emportés dans le courant sanguin portant à l'aller l'oxygène et revenant chargés d'acide carbonique.

Principes Alimentaires

A cette machine dont l'homme est le maître, il demande, quelle qu'en soit l'espèce, divers ordres de services. Il la destine à produire, isolément ou simultanément, soit du travail, soit de la viande, soit du lait, soit de la laine.

Examinons à l'aide de quels principes alimentaires il obtient ces résultats et analysons succinctement encore la composition de ces éléments nutritifs.

Tout fourrage, ou d'une façon plus générale toute substance alimentaire se compose, comme matériaux utiles, d'un petit nombre d'éléments que la digestion met en œuvre et que la chimie sait analyser et isoler.

Ces éléments sont :

1° Les éléments *quaternaires* formés d'azote, d'oxygène, d'hydrogène et de carbone. Ce sont les plus importants au point de vue alimentaire ; ils portent habituellement le nom de *protéïne* ou d'éléments plastiques, ce dernier terme indiquant qu'ils concourent principalement à la formation du tissu musculaire ; on les désigne aussi sous le nom de matières albuminoïdes, parce que l'albumine de l'œuf est le type des matières protéïques ; elle contient exactement à l'état sec :

16 °/₀ d'azote ;
54 °/₀ de carbone ;
7 °/₀ d'hydrogène ;
22 °/₀ d'oxygène ;
1 °/₀ de soufre.

La protéïne se rencontre le plus abondamment dans la viande desséchée (70 °/₀), dans les tourteaux de certaines graines (50 et 55 °/₀), dans les graines mûres et dans les feuilles et les jeunes tiges, dans la betterave où elle est noyée dans une grande quantité d'eau ;

2° Les *substances grasses*, graisses ou huiles qui sont composées d'oxygène (13 °/₀), d'hydrogène (12 °/₀) et carbone (75 °/₀) qui existent dans tous les végétaux et sont particulièrement abondantes dans certaines graines dites oléagineuses (jusqu'à 50 °/₀).

Ce sont des corps essentiellement combustibles et calorifiques qui jouent un grand rôle dans l'alimentation et dans l'entretien de la chaleur animale et la formation de la graisse.

3° Les *extractifs* non azotés plus communément connus sous le nom d'*éléments féculents*, d'amidon ou de sucre, jouent, avec une moindre énergie, le même rôle que les matières grasses ; toutefois, les zootechniciens ne sont pas d'accord sur le point de savoir si les féculents sont capables de se transformer en graisse dans le corps de l'animal M. Crevat et beaucoup d'auteurs allemands le nient sans hésiter.

L'amidon ou fécule est surtout abondant dans les tubercules pommes de terre et topinambours, le sucre dans les fruits et la betterave. La fermentation de tous les extractifs non azotés produit normalement de l'acide carbonique et de l'alcool ; le dosage de la fécule est 44 % de carbone, 48 % d'oxygène, 7 à 8 % d'hydrogène.

4° La *cellulose* ou *ligneux* se rapproche du précédent comme composition ; elle n'en diffère que par une quantité plus forte de carbone (environ 50 %). C'est, à proprement parler, la carcasse, l'ossature des végétaux, elle présente son type complet dans le bois des arbres de toute espèce. Longtemps on a cru que la cellulose n'était pas digestive des expériences assez récentes prouvent le contraire ;

5° Enfin les fourrages contiennent des *sels minéraux*, sulfates, phosphates, chlorures, carbonates, que les animaux utilisent pour la formation de leur squelette et de leurs tissus, des sels et acides organiques des alcaloïdes et des éthers qui donnent aux fourrages leur saveur et leur odeur caractéristiques et les font plus ou moins rechercher des animaux. Au premier rang, je pourrais citer l'*avenine* de l'avoine qui rend cette céréale si appréciée de l'espèce chevaline.

Digestibilité

Je viens de prononcer à plusieurs reprises, à propos des éléments nutritifs, le mot de digestibilité.

La *digestibilité*, c'est-à-dire la propriété en vertu de laquelle l'aliment ingéré cède au corps de l'animal une portion plus ou moins grande de ses principes nutritifs, est la seule quantité partiellement variable dans le problème de l'alimentation.

Il y a seulement trente ans, on ne connaissait absolument rien de la digestibilité des fourrages ; actuellement nous sommes, sinon tout à fait fixés, du moins beaucoup plus avancés, et je dois avouer que c'est des savants allemands que nous tenons à peu près tout ce que nous savons sur ce sujet.

L'expérience démontre que tous les éléments que je viens de décrire : protéine, matières grasses, matières féculentes, cellulose ne sont pas intégralement transformés en tissus physiologiques et en chaleur animale.

Une fraction plus ou moins grande échappe à l'assimilation ; la oportion ainsi inutilisée dépend du fourrage, de l'espèce, de la race, la santé de l'animal et de la proportion relative de ces divers éments les uns par rapport aux autres.

Pour apprécier, une fois pour toutes, la digestibilité d'un fourrage, faut peser les aliments, recueillir avec soin les déjections et soumettre s uns et les autres à l'analyse chimique. La différence entre la composition élémentaire du fourrage ingéré et des excréments éliminés vèle la quantité des éléments absorbés par le corps et ayant concouru la nutrition.

Des milliers d'expériences ont été poursuivies sur ce sujet par les imistes et zootechniciens allemands, et elles ont donné lieu à des sultats assez précis consignés dans les tables de Wolff, le savant ofesseur de Hohenheim ; ces tables, que nous donnons à la fin de ce avail, renferment ce que l'on appelle les coëfficients de digestibilité s principaux fourrages.

De ces expériences on a tiré un certain nombre de lois dont la nnaissance est du plus haut intérêt pour l'agriculteur.

Voici les principales :

La protéïne des graines de légumineuses (pois, fèves, lupins), des lantes-racines (pommes de terre, betteraves), des tourteaux de sésame de palme, du lait, de la viande, est la plus digestible ; la digestibilité e ces matières dépasse 90 % ; la digestibilité des tourteaux de lin, de olza et de coton est de 80 à 90 % ; celles des graines de céréales, du son, es farines, des herbes et trèfles jaunes est de 70 à 80 % ; elle n'est plus ue de 50 à 70 dans les divers foins, et de 25 à 50 % dans les pailles de éréales.

Plus les plantes sont vieilles, maigres, dures, ligneuses, moins 'estomac des animaux les digère.

De même, les matières grasses ont des coëfficients de digestibilité écroissant depuis le lait et les graines où elle atteint de 80 à 100 % usqu'aux foins et pailles, où elle est réduite à 50 ou 60 %.

Les sucres ou fécules de céréales et plantes-racines ont un coëfficient de digestibilité de 70 à 95 % ; les fécules des sucres de foins ne épassent pas une digestibilité de 50 à 60 %.

La cellulose est très inégalement digérée par les diverses espèces nimales : les ruminants possèdent au plus haut degré la faculté de assimiler. Cette faculté est moindre chez les équidés, beaucoup noindre encore dans l'espèce porcine qui ne peut digérer que la cellulose des herbes très tendres.

Cette faculté est proportionnelle à la longueur du tube digestif de chaque espèce rapporté à sa taille. Au contraire, les grains et la plupart des aliments concentrés sont digérés au même degré par les diverses espèces.

D'autre part, l'expérience a prouvé qu'une ration abondante est aussi complètement digérée qu'une ration parcimonieuse de même nature; que les foins secs bien fanés et bien conservés sont aussi bien digérés que les verts ; que les animaux vieux digèrent aussi bien que les jeunes tant que la mastication s'opère convenablement, que divers fourrages associés se digèrent aussi complètement que si chacun d'eux était donné isolément.

Relation Nutritive

Enfin la loi la plus importante que les expériences ont mise en lumière est que la digestibilité de chacun des éléments d'un fourrage dépend en grande partie de la *relation nutritive* du fourrage.

On nomme *relation nutritive* la proportion respective des divers éléments : protéine, graisse, fécule, cellulose qui entrent dans la ration administrée à un animal.

La recherche d'une bonne relation nutritive doit être le souci constant de tout agriculteur qui veut nourrir convenablement et économiquement son bétail.

Il n'est point indifférent que les éléments nutritifs soient associés au hasard dans les fourrages ; bien au contraire, une proportionnalité déterminée de ces éléments est la condition absolue d'une bonne alimentation.

Toutefois, on a cherché à simplifier la loi de relation nutritive, et l'expérience a prouvé qu'on pouvait la ramener au rapport de la protéine aux matières grasses et féculentes réunies ; pourvu cependant que l'ensemble de la ration normale adoptée représente un poids et un volume en rapport avec la capacité de l'estomac de l'animal.

Voici comment on opère le calcul de la relation nutritive :

Etant donné un fourrage contenant des quantités déterminées de protéine, de graisse et de fécule : soit, par exemple, 1,2 de protéine, 0,4 de graisse, 5,5 de fécule, on admet que 1 de graisse équivaut à 2 1/2 de fécule, 4 de graisse équivaudront donc à 10 de fécule ; on aura ainsi comme relation nutritive :

12 de protéine,
65 de fécule.

Ce rapport 12/65 ou 1/5, 4 sera la relation nutritive du fourrage considéré. Il a été démontré par des expériences innombrables que ce rapport devait osciller entre 1/4 et 1/8 suivant les animaux et surtout suivant le genre de produits qu'on leur demande. Si ce rapport n'est pas au moins approximativement observé, l'alimentation est défectueuse; il y a gaspillage des éléments donnés en excès, ou mauvaise nutrition de l'animal, si l'un des termes du rapport est trop faible.

J'ai le devoir d'insister sur ce point qui est fondamental.

Supposons un bœuf de travail du poids de 500 kilogs. Pour le bien nourrir de façon qu'un travail moyen ne le fasse point maigrir, il lui faut journellement :

1 k. 400 de protéine;
0 k. 250 de graisse équivalant à 0,625 de fécule ;
8 k. de fécule.

La relation nutritive est de 1/6,1 ; si nous lui donnons une somme de fourrage dans laquelle il y ait moins de 1 kilog. de protéine pour 6,1 de fécule, l'animal maigrira par insuffisance d'éléments plastiques; si nous lui donnons 1 k. 400 de protéine et 15 de fécule et graisse, l'animal n'y trouvera aucun bénéfice nutritif et il y aura au moins 35 kilogs de fécule purement et simplement gaspillée, qu'une analyse exacte ferait retrouver dans ses excréments.

Il est nécessaire d'ajouter que, dans le rationnement d'un animal de la race bovine, le volume de la ration sèche journalière doit atteindre environ 2,5 °/o à 3 °/o du poids de l'animal.

Je viens de dire que la relation nutritive doit osciller entre 1/4 et 1/8; mais ce n'est point au hasard que l'on doit la faire varier entre ces deux limites ; la relation nutritive doit être modifiée :

1° D'après l'espèce animale ;

2° Le genre de produits que l'on veut obtenir, travail, croissance, engraissement ou lait ;

3° La température de l'atmosphère.

Dans l'examen spécial de chacun de ces cas de spéculation ou de situation agricole, je donnerai la relation nutritive correspondante reconnue comme la meilleure.

Classification des Fourrages

Munis de ces données, nous pouvons dès à présent passer en revue les divers fourrages, et vous pourrez vous rendre compte de la valeur nutritive de chacun d'eux, la comparer à leur valeur commerciale et choisir entre eux ceux qui, pour le prix le plus faible, pourront donner le *maximum* de produits.

Avant de m'engager dans cette étude, laissez-moi vous faire remarquer, Messieurs, quelle analogie règne entre l'alimentation rationnelle du bétail par les fourrages et la nutrition judicieuse des végétaux par les engrais. Dans l'une comme dans l'autre de ces opérations il importe de se procurer et de mettre en œuvre des éléments nutritifs, digestibles ou assimilables, au meilleur marché possible et offerts au consommateur animal ou végétal dans une proportion, à un état, à un moment tels que le résultat à obtenir soit acquis avec la moindre dépense possible; pour y réussir on doit connaitre aussi bien les exigences de l'estomac des animaux que les besoins des plantes; enfin nous le verrons, dans le choix des fourrages comme dans celui des engrais l'analyse chimique doit jouer un rôle prépondérant.

On donne le nom de *fourrages* aux aliments des animaux extraits du règne végétal; mais dans ces dernières années on a étendu cette dénomination aux aliments en général, même d'origine animale, qui sont donnés aux animaux domestiques.

Primitivement on considérait comme fourrage type, c'est-à-dire complet, le bon foin de prairie, et on comparait au foin tous les autres aliments donnés au bétail. Mais, au fur et à mesure que progressait l'étude de l'alimentation rationnelle, on reconnaissait l'inexactitude de cette notion, tant parce que la composition du foin est assez variable, que parce que s'il répond aux exigences d'entretien normal d'un animal livré à lui-même au pâturage, il est loin de satisfaire aux *desiderata* du cultivateur qui veut une production intensive de travail, de viande ou de lait. Dans le cas si fréquent où l'on veut obtenir cette production, l'alimentation au foin doit être complétée par une nourriture plus concentrée; de même que, dans la culture intensive, le fumier de ferme doit être complété par les engrais chimiques.

On divise aujourd'hui les fourrages, un peu arbitrairement d'ailleurs, en *fourrages verts*, tels que herbe fraiche des prairies, trèfle, luzerne, sainfoin, vesce, tige de maïs, choux-fourrages, feuilles de toute sorte;

En *fourrages fibreux*, foins et luzernes secs, pailles, balles, cosses, ramilles d'arbres;

En *fourrages racines*, tubercules, fruits verts;

En *fourrages grains*, avoine, blé, seigle, maïs, orge, millet, pois et farines diverses.

Enfin, en fourrages de *résidus industriels*, pulpes de betteraves, de pommes de terre, drèche, tourraillons, résidus de sucrerie, d'huilerie, tourteaux divers, laiterie et produits animaux, viande et sang.

Il n'y a pas de différence sensible entre les fourrages frais ou verts et les mêmes fourrages fanés ou desséchés; ils ne diffèrent les uns des autres que par la quantité d'eau que la dessication a enlevée aux fourrages fanés. Un fourrage vert contient de 75 à 80 % d'eau ; le même, après fanage, de 14 à 17 % ; donc, en moyenne, un fourrage vert équivaut à 25 % de la valeur nutritive du même fourrage convenablement fané. Le fanage n'altère pas la valeur nutritive d'un fourrage. Il en est de même de l'ensilage quand il est bien fait : un fourrage ensilé vaut toujours un fourrage frais, souvent même il est plus digestif à cause du ramollissement de la cellulose ou ligneux.

La dénomination de *foin de prairie* comprend des fourrages de valeurs nutritives très diverses, mélanges de graminées et de légumineuses d'espèces variées qui elles-mêmes ont une composition variable suivant les terrains et les fumures.

Ainsi que tout le monde le sait, les foins ne sont pas tous également riches en matières nutritives ; elles y subissent des variations considérables; mais ce que l'on ignore généralement, c'est que les foins sont d'autant plus digestibles qu'ils sont plus riches ; cette loi est d'ailleurs générale pour tous les fourrages : ainsi la protéine et la fécule d'un fourrage riche sont toujours plus digestibles que la même quantité d'éléments d'un fourrage pauvre.

Prenons comme exemples un bon foin de prairie, de la paille de froment et de la graine d'avoine :

Ils contiennent :

	EN PROTÉINE		
	Totale	Digestible	Rapport
L'avoine en grain....................	12 %	10	soit 83 %
Le bon foin de prairie............	10. 50 %	6. 30	» 60 %
La paille de froment..............	2. 50 %	1. 00	» 40 %

Ainsi, nous voyons par ce petit tableau que 4 kilos de paille contiennent autant de protéine que 1 kilo de bon foin ; mais de cette protéine 600 grammes seront digestibles dans le kilo de foin, 400 grammes seulement dans les 4 kilos de paille de froment.

La lignification d'un fourrage est le principal obstacle à la digestibilité.

C'est là une considération dont l'importance, Messieurs, n'échappera à aucun d'entre vous.

Autre observation non moins importante à tous les fourrages fibreux: foins, trèfle, luzernes, sainfoin, etc.

La proportion de protéine dans le fourrage est beaucoup plus forte avant la fleur que pendant et après la floraison ; ce qui indique que l'on ne doit jamais attendre la floraison pour faucher le fourrage, car on regagne au-delà en qualité ce que l'on perd en quantité.

Le *fanage* a également une très grande importance ; le foin coupé avant la fleur supporte mieux le fanage que le foin en fleur, parce que la fourche fait tomber en poussière beaucoup de fleurs qui sont la partie la plus nutritive de la plante.

Quand un foin coupé est délayé par la pluie, il peut perdre plus d'un 1/8 de sa substance sèche et jusqu'à un tiers de sa matière nutritive.

Les foins vieux sont un peu moins nutritifs que les nouveaux.

Les meilleurs foins proviennent de prairies hautes, en terrains sains et riches, bien exposés à l'air ; leur couleur est d'un beau vert, leur odeur agréable; les foins moyens viennent dans les sols pas trop humides, d'une fertilité passable. Les foins inférieurs sont ceux de prairies humides, mal aérées, où abondent les joncs et les carex.

Entre les meilleurs et les plus mauvais foins on a pu observer les variations suivantes :

	PROTÉINE		GRAISSE		FÉCULE	
	Totale	Digestible	Totale	Digestible	Totale	Dig.
Bons foins............	12	7	3 °/₀	1. 50	62	43
Mauvais foins.........	7. 0	3. 50	2	0. 60	69	36

Ce qui correspond à une différence de valeur alimentaire de plus du simple au double.

Les *regains* ont toujours une valeur nutritive au moins égale aux foins de première coupe.

La *luzerne*, quand elle est de belle venue, pure de graminées étrangères et soigneusement fanée, vaut le bon foin de prairie ; c'est le meilleur des fourrages consommés en vert.

La valeur du *trèfle rouge* est assez comparable à celle de la luzerne ; toutefois, les matières féculentes du trèfle sont plus digestibles que celles de la luzerne.

Le *sainfoin* ou *esparcette* qui réussit bien dans les sols calcaires est un fourrage généralement supérieur comme composition au bon foin de prairie.

Les *vesces* donnent un produit de bonne qualité quand elles sont jeunes, trop ligneux quand leur végétation est avancée, dans ce cas on doit recourir à l'ensilage.

Vous avez tous entendu parler depuis quelque temps de la vesce velue, fourrage originaire de Russie, dont le marché est en Saxe. Sa fécondité est prodigieuse, elle résiste admirablement à la gelée et à l'humidité et donne un fourrage très riche comme composition, plus riche en protéine que le trèfle (Wolff). Son développement excessif qui en fait un fourrage ligneux, obligera tous ceux qui en font usage à l'ensiler régulièrement. A cette condition seulement, il deviendra dans nos pays une ressource de premier ordre. Ai-je besoin d'ajouter que le grand importateur de ce fourrage nouveau est un agriculteur de notre région, M. Bredin.

Les *pois* sont un excellent fourrage vert, ainsi que les *gesses ;* les uns et les autres ont une teneur élevée en protéine.

Il n'en est pas de même des *maïs-fourrage* qui sont médiocrement riches en éléments plastiques, mais par contre d'une extrême richesse en sucres et fécules digestibles. Les animaux les mangent avec avidité, mais leur défaut capital est d'être une culture des plus épuisantes. Ils doivent être associés à des aliments riches en protéine.

Enfin les *feuilles de vigne* dont on a cette année beaucoup conseillé l'emploi — qui n'est pourtant point nouveau — sont un fourrage vert ou ensilé fort recommandable, surtout dans les années de disette ; ce qui l'est moins, c'est l'effet que produit le défeuillage sur les ceps ; ce serait compromettre les vignes que d'exécuter chaque année cette opération. Dans une année comme celle-ci, je la considère comme toute naturelle mais, je le répète, ce doit être une exception.

Les *pailles* sont toutes fort peu nutritives ; elles contiennent peu de protéine, peu de graisses, beaucoup de fécule d'une digestibilité médiocre ; leur association à des aliments riches en protéine est donc absolument nécessaire : leur rang par ordre de pouvoir nutritif décroissant est le suivant :

Paille d'avoine, paille d'orge, paille de froment, paille de seigle.

Les balles ou enveloppes des graines de céréales sont plus nutritives que les pailles.

Racines et Tubercules. — L'étude de ces produits est particulièrement intéressante pour le cultivateur, car ces récoltes sont un précieux adjuvant surtout dans les années de pénurie fourragère comme celle que nous traversons.

La *betterave fourragère* ou *collet vert* est un aliment excellent au point de vue de la digestibilité, contenant en moyenne 1,5 % de protéine dont les 9/10 de digestible, et 9 % de matière amylacée ou sucrée ; on voit qu'elles peuvent constituer un aliment complet, un peu faible en protéine, à cause de la grande quantité d'eau qu'elles contiennent (88 %); elles doivent être additionnées d'aliments plus concentrés et riches en protéine.

Les *raves* et les *choux-raves* sont un aliment en tous points comparables à la betterave ; toutefois le choux-rave a une supériorité assez marquée sur les raves, et moins d'eau de constitution ; c'est une culture plus avantageuse au point de vue nutritif.

La *pomme de terre* : c'est dans la pomme de terre que se trouve le plus nettement accusé le manque de proportion entre la protéine et les fécules et graisses réunies (2/22), ce qui rend indispensable l'addition à cet aliment de fortes proportions de fourrages plastiques ou protéiques.

C'est à l'occasion de la pomme de terre que se sont produites les plus vives discussions entre les partisans de la formation de la graisse animale par la fécule et les partisans de l'impossibilité de cette formation. Il semble que, pour l'engraissement du porc, les premiers aient raison.

Les *topinambours* ont une valeur à peu près équivalente aux pommes de terre ; leur conservation est plus facile, mais ils demandent des terrains de culture plus riches.

Comme fruits alimentaires pour le bétail je citerai la *citrouille*, l'un des éléments les plus aqueux qui existent, mais d'une bonne relation nutritive (1/5 environ).

Les *pommes* et les *poires* ont une valeur fourragère très faible.

Les *glands*, bons pour les ruminants et surtout les porcs auxquels ils donnent de la viande et du lard très ferme (1,5 de protéine contre 29 à 30 de fécule).

Les *chataignes* et les *marrons d'Inde* sont beaucoup plus riches : 4 % de protéine, 1,7 % de graisse, 35 % de fécule.

A cet égard, on pourrait dire qu'ils forment la transition entre les fruits et les graines au point de vue nutritif.

Graines. — Je ne mentionne que pour mémoire la *graine de froment* beaucoup trop coûteuse pour être employée à la nourriture du bétail ; de plus, les grains non concassés traversent souvent sans altération et sans profit le tube digestif des animaux. Les farines sont plus digestibles, mais plus chères encore ; le pain, plus digestible encore. Je signalerai à ce propos les résidus de fabriques de pâtes alimentaires, produits très nutritifs et relativement bon marché.

Le *son* est plus nutritif que le grain de blé, 14 % de protéine, 12 % de digestible, 38 % de graisse dont 3,2 % de digestible, 63 % de fécule dont 37 % digestible ; c'est un fourrage dont la relation nutritive est aussi de 1/4 environ.

L'*avoine* a la propriété de contenir dans sa graine un principe excitant, l'avenine, qui la fait très rechercher de tous les animaux ; or, l'analyse de l'avoine présente de grands écarts : en moyenne, 12 de protéine dont 10 digestible, 6 de graisse, 5 digestible, 65 de fécule dont 48 digestible ; sa farine est plus riche encore.

L'*orge* est souvent appelée à suppléer l'avoine dans la nourriture des chevaux et surtout des porcs ; elle a une richesse un peu moindre en protéine.

Le *seigle* en grains, ou mieux en farine, est employé à la nourriture des bœufs. Farine ou grains ont environ 11 % d'albuminoïde, 2 % de graisse, 68 % de fécule. Le pain de seigle contient une très grande proportion d'eau.

Le *blé noir* a une composition comparable à celle du seigle.

Enfin, le *maïs* est à la fois riche en protéine (10 %), et surtout en graisse (6 à 7 %) et 67 % en fécule ; il est donc très apte à activer l'engraissement ; sa farine est encore beaucoup plus riche en albuminoïde.

Les graines de légumineuses, *fèves*, *féverolles*, *pois* contiennent de grandes quantités de protéine, 20 à 25 %, 1,50 à 2 % de graisse, 45 % de fécule. Ce sont donc des aliments concentrés très propres à être mélangés à des fourrages dont le rapport entre la protéine et la fécule est trop faible.

Quant aux *graines oléagineuses*, dont le *colza*, le *lin* et le *chanvre* sont les principales, tout le monde sait que leur richesse en matière grasse est énorme (33 à 42 %) ; leur protéine varie de 22 % pour le lin à 16 % pour le chanvre et leur fécule de 13 à 20 %. Il est plus avantageux d'en extraire tout d'abord l'huile, qui les rend d'ailleurs assez répugnants, pour les animaux de ferme.

Avec les *Résidus industriels*, nous entrons dans la classe des denrées alimentaires que le cultivateur ne peut se procurer qu'en les achetant au dehors et où la protéine est en proportion relative très élevée, par rapport aux éléments hydrocarbonés. Ce qui tient à ce que les opérations industrielles, dont ces produits sont les déchets, ont eu précisément pour but de les débarrasser de ces hydrocarbures, sucre, fécule, bière, alcool, huile ; tels sont les *pulpes* de betteraves et de pommes de terre, les *drèches*, les *touraillons*, les *tourteaux*. Je donnerai succinctement leur composition moyenne. Les *touraillons* ou germes d'orge sec contiennent : protéine, 24 % ; graisse, de 5 à 3 % ; hydrocarbure, 58 % ; les drèches ou grains d'orge fermentés sont très aqueux, 76 % d'eau ; substances azotées, 1,3 % ; graisse, 0,1 % ; fécules, 4 % ; les vaches laitières, les porcs et la volaille en sont les consommateurs les plus avantageux.

La pulpe de pomme de terre, résidu des amidonneries et féculeries, contient jusqu'à 85 % d'eau et : protéine 1 %, graisse 0,6, fécule 3 %. C'est la nourriture par excellence des porcs à l'engrais.

Je ne parlerai pas des pulpes de betteraves et résidus de sucreries, ces produits, si employés dans le nord, n'étant pas à la portée des agriculteurs de notre région.

Les résidus des distilleries contiennent évidemment des principes variables, mais généralement abondants, des denrées dont on a extrait l'alcool. Le marc de raisins, excellent pour les moutons, vaut le meilleur foin de prairie, 6 % de protéine, 2 % de graisse, 6 % de fécule.

Les *tourteaux*, résidus solides de l'extraction de l'huile de graines oléagineuses, sont extrêmement nombreux; ils sont un des compléments d'alimentation les plus précieux pour le cultivateur. Ce sont des aliments extrêmement concentrés, excellents pour les bœufs et les moutons; en les mélangeant à des aliments fibreux pauvres, on forme des rations bien équilibrées comme volume et relation nutritive.

Je passerai rapidemment en revue les principaux :

Tourteaux de lin, 12 à 15 °/₀ d'eau, 28 °/₀ protéine, 10 °/₀ graisse, 43 °/₀ hydrocarbure; très recherchés des animaux.

Tourteaux de colza, moins recherchés comme saveur, mais plus riches encore comme composition.

J'ajouterai à la liste les tourteaux de *coton*, de *sésame*, d'*arachide*, de *noix*, de *noix de coco*, de *palme*, de *tournesol* dont les tables de Wolff donnent les compositions; très recommandables quoique inégalement. Certains sont dangereux, tel le *pavot*.

Comme produits animaux je signalerai la *viande sèche* et le *sang desséché*, qui contiennent jusqu'à 72 °/₀ de protéine et donnent des résultats excellents dans l'alimentation des porcs et de la volaille.

Enfin, pour mémoire, les *hannetons* et les *chrysalides* de vers à soie qui sont très appréciés des porcs principalement; les hannetons contiennent à l'état frais :

19 °/₀ de protéine, 3,7 °/₀ de graisse, 6,5 °/₀ d'eau.

La chrysalide desséchée équivaut à 3 fois la valeur du hanneton frais; mais ces deux insectes sont capables de communiquer au lait, à la viande ou aux œufs une saveur désagréable.

Je terminerai cette énumération par un aperçu sur les produits du *laitage*. Le *lait* de vache contient en moyenne 4 °/₀ de protéine, 4 °/₀ de graisse, 4 °/₀ de fécule ou sucre (nombre facile à retenir). Le petit lait 3 °/₀ de protéine, 1 °/₀ de graisse, 5 °/₀ d'hydrocarbure.

Valeur commerciale et valeur alimentaire des Fourrages

Les fourrages n'ayant de valeur nutritive que grâce aux aliments protéiques, gras et hydrocarburés qu'ils contiennent, il était naturel de déterminer leur valeur vénale d'après le taux de ces éléments réunis.

Telle est la base d'achat que les agronomes ont établie; elle est absolument analogue à celle universellement admise pour l'achat et la vente des engrais.

Le point de départ de cette évaluation réside dans la valeur vénale moyenne du bon foin de prairie, aliment complet de relation nutritive convenable, lequel renferme, avons-nous dit, en éléments digestibles, 7,5 °/o de protéine, 17 de graisse, 42 °/o de fécule, soit une relation nutritive de 1/6 environ, c'est-à-dire moyenne ; on attribue, conventionnellement d'ailleurs, une valeur vénale égale aux deux termes de cette fraction, 1 et 6 ; si donc la valeur du foin est de 7 fr. les °/o k., on attribue une valeur de 3 fr. 50 à la protéine digestible, soit 0,50 par unité et 3 fr. 50 à l'ensemble des graisses et fécules, en admettant que 1 de graisse équivaut à 2,5 de fécule, en sorte que les 45 unités de fécule et de graisse évaluée en fécule représentent 3 fr. 50, soit 3,5/45 = 0 f. 08 : tel est le prix de la fécule ; 0,08×2,50 = 0 fr. 20 représentera le prix de la graisse.

On applique cette évaluation à tous les fourrages contenus dans les tables de Wolff, qui constituent le véritable catéchisme alimentaire du nourrisseur de bétail.

Supposons par exemple que des tourteaux de coton nous soient offerts par le commerce et que leur composition concorde avec celle indiquée dans les tables de Wolff qui est la suivante :

28 °/o de protéine, 9,5 °/o de graisse, 17 °/o de fécule, ce qui nous représenterait :

14 fr. »	pour	la protéine.
1 fr. 90	—	graisse.
1 fr. 35	—	fécule.
17 fr. 25 les °/o k.		

Telle serait la valeur alimentaire du tourteau de coton décortiqué ; en la comparant à sa valeur commerciale ou prix d'achat, on voit immédiatement si l'opération est bonne, mauvaise ou médiocre.

Toutefois je dois reconnaître que les agronomes ne sont point d'accord sur la valeur absolue à donner aux éléments nutritifs et il serait bien extraordinaire qu'il en fût autrement, attendu que le bon foin de prairie, pris pour base, n'a pas partout la même composition chimique et la même valeur marchande : il y a plus ; ils ne sont pas davantage d'accord sur la valeur relative de chaque élément entrant dans la composition du fourrage.

Ainsi les uns attribuent à la fécule moins de 2 fois et demie la valeur des graisses, les autres attribuent à la graisse plus des 4/10 de la valeur de la protéine. Dans les chiffres que je vous ai donnés, j'ai pris la moyenne des diverses évaluations.

On voit donc que le cultivateur en appréciant ou faisant apprécier le plus exactement possible la valeur alimentaire de ses fourrages, et en connaissant les exigences des animaux desquels il veut exiger de la force, de la viande ou du lait, peut faire des économies de deux sortes :

1° Economie en cultivant ou en achetant les denrées qui fournissent le plus d'éléments nutritifs pour un prix donné ;

2° Economie en composant la ration de ses animaux de la façon la plus propre à en obtenir, pour un prix donné, le plus de produits possible, c'est-à-dire en évitant le gaspillage de tel ou tel aliment ou l'insuffisance de tel ou tel autre.

C'est cette importante question du rationnement en vue d'obtenir les diverses sortes de produits qu'il me reste à vous exposer.

Rationnement des Animaux de Ferme

M. Crevat a très bien posé les principes du rationnement des animaux domestiques en distinguant : 1° la ration de *simple entretien*, c'est-à-dire uniquement destinée à entretenir l'animal dans le même état et 2° la ration de *production*, c'est-à-dire le supplément de ration destiné à être transformé en produits.

Je n'entreprendrai pas de vous exposer les théories très scientifiques et tout à fait confirmées par la pratique sur lesquelles le savant agronome appuie les lois de ces deux rationnements qui doivent se superposer. La seule observation théorique qu'il m'est indispensable de faire est relative à la température dans laquelle vivent les animaux. Une bonne partie des éléments nutritifs donnés aux animaux a pour but d'entretenir en eux la chaleur vitale ; on comprend dès lors que plus la température est basse plus les animaux doivent, toutes choses égales d'ailleurs, recevoir de nourriture pour le simple entretien. M. Crevat démontre que pour le simple entretien d'un bœuf de 500 kilogs il faut :

A 0° 6,6 de fécule ou de graisse, 0,418 de protéine.
A 20° 3,3 — — 0,209 —

Soit, à 20° exactement la moitié des aliments nécessaires à 0°. Encore faut-il ajouter que les variations de température ne sont aussi sensibles que quand elles sont passagères, car lorsqu'elles sont durables, les animaux prennent une fourrure en rapport avec le climat ou la saison, laquelle fourrure les protège contre la déperdition du calorique.

A une température moyenne de 12° à 15°, la ration d'entretien d'un bœuf de 500 kilogs doit se composer de :

4 kil. 500 de fécule,
0 kil. 300 de protéine,

plus d'une quantité de graisse proportionnelle à l'état d'embonpoint de l'animal. Pour maintenir à l'état gras un animal qui l'est déjà, il faut plus de graisse alimentaire que pour maintenir en état constant un animal maigre.

Tous les éleveurs ou emboucheurs savent, du reste, qu'il faut plus d'aliments pour augmenter de 1 kilog le poids d'un animal déjà gras que du même poids un animal maigre.

Mais le cultivateur qui se bornerait à tenir son bétail simplement à l'état d'entretien ferait, on le comprend de suite, une opération désastreuse; il ressemblerait en tous points à un mécanicien qui ne donnerait à sa chaudière que juste assez de combustible pour faire mouvoir sa machine à vide sans produire aucun travail. Tout le combustible est alors perdu, de même que tous les aliments ainsi donnés au bétail sont dépensés en pure perte, sans qu'aucun autre produit soit obtenu qu'une certaine quantité de fumier dont la valeur est toujours inférieure à celle des aliments. C'est ce que les anciens exprimaient par ce proverbe très juste : « *Bétail bien nourri coûte cher, bétail mal nourri coûte plus cher.* »

Il est bien évident en effet qu'un animal quelconque ne peut donner de profit à son propriétaire qu'autant que son rationnement lui fait dépasser l'état de simple entretien, en supposant que cet animal ne fournit ni lait, ni travail, ni chair : mais aussitôt que le rationnement produit plus que l'état de simple entretien, l'animal entre en état de productivité.

Ceci comporte la condamnation pure et simple des cultivateurs qui entretiennent un bétail trop nombreux pour leurs ressources. Voici un fermier qui, à la Saint-Martin, enferme dans ses écuries 20 bêtes à corne, sachant qu'il a à peine de quoi les entretenir jusqu'au printemps prochain; autrement dit, il possède juste assez de fourrage et de paille pour les empêcher de mourir de faim. Si ce bétail conserve son poids sans avoir produit autre chose qu'un peu de fumier, le cultivateur n'aura pas fait autre chose que de convertir son fourrage en fumier, opération que je vous laisse le soin d'apprécier ; si son bétail maigrit, il aura ajouté à la perte précédente le prix du kilogr. de poids vif que son étable aura perdu. Tout commanderait à cet agriculteur de se débarrasser avant l'hiver d'une partie de ce bétail, et de mettre le reste en état d'entretien productif, avec la même dépense de fourrage ; il aura certainement au bout de l'hiver augmenté son avoir. Ceci dit en dehors de toute question de spéculation sur le prix variable de la viande aux 100 kilog.

Ration de production. — Le cultivateur doit donc se proposer, je le répète, en nourrissant ses animaux, d'en obtenir des produits, c'est-à-dire s'il s'agit de bêtes bovines, du travail, du lait ou de la viande (soit par le vêlage soit par l'engraissement).

Tous les chiffres que je donnerai sont applicables à des bêtes de 500 k. de poids vif ; étant bien admis que les rations sont toujours proportionnelles aux poids vifs. Je sais bien que si mon ami M. Crevat était ici, il opposerait à cette règle approximative une méthode plus exacte, celle de la composition des rations suivant le périmètre de poitrine des animaux ; mais je me permettrais de lui répondre qu'à vouloir atteindre la perfection, on complique souvent inutilement les procédés, et tout en reconnaissant que sa méthode est absolument irréprochable et excellente entre ses mains, celle qui consiste à proportionner les rations aux poids, beaucoup plus simple et d'ailleurs s'écartant peu de la sienne, est plus à la portée des agriculteurs pourvu qu'ils disposent d'une bascule, instrument que l'on devrait trouver dans toutes les fermes.

Ainsi donc, quand le poids des bêtes est supérieur ou inférieur à 500 k., on fait varier proportionnellement le poids de leurs rations et de tous les éléments qui les composent.

Je n'examinerai, vu le peu de temps dont je dispose en une seule conférence, que le rationnement de deux espèces animales domestiques, l'espèce bovine et l'espèce porcine, laissant de côté l'espèce chevaline, à laquelle les mêmes principes sont applicables, mais dont l'élevage et l'entretien sont en notre région rurale une exception et un objet de luxe. Dans la Dombes comme dans la Bresse, je n'hésite point à affirmer que quiconque se livre à la comptabilité la plus élémentaire aura bientôt reconnu que l'élevage du cheval est une spéculation ruineuse.

Passer sous silence l'alimentation du mouton et de la chèvre n'est point une lacune trop importante : la première de ces deux espèces étant peu répandue dans nos campagnes et la seconde l'étant beaucoup trop, vu ses instincts éminemment destructeurs.

Resterait la basse-cour, autrement dit la volaille ; ici, Messieurs, je croirais faire preuve d'outrecuidance en vous donnant des conseils, car la réputation des volailles de Bresse est si bien établie que vous n'avez certainement à recevoir de personne des enseignements pour les rendre grasses et appétissantes.

Race Bovine

Bœufs de travail. — J'ai dit précédemment que, pour son simple entretien, théoriquement un bœuf adulte avait besoin, à la température de 12 à 15° par 500 kilogs de poids vif, de :

Protéine..........	0 k. 300	Relation nutritive : 1/5.
Graisse...........	0 k. 100	
Fécule............	4 k. 500	

Pour un travail énergique de 8 heures par jour, le même animal devra recevoir :

Protéine..........	1 k. 250	Relation nutritive : 1/6
Graisse...........	9 k. 300	
Fécule............	6 k. 300	

Pour un demi travail soit de 4 heures par jour de labour ou d'autres travaux agricoles :

Protéine..........	0 k. 790	Relation : 1/7,50.
Graisse...........	0 k. 200	
Fécule............	5 k. 450	

On fera naturellement varier entre ces limites la composition des rations suivant que le travail demandé aux animaux se rapprochera ou s'écartera du nombre d'heures indiqué ci-dessus.

Aux considérations précédentes il faut ajouter cette condition essentielle que le poids total effectif de la ration (j'entends par poids effectif, le poids abstraction faite de l'eau de composition du fourrage) doit osciller entre 2 et 3 °/₀ du poids vif de l'animal.

Bœufs à l'engrais. — Faute de temps, je ne puis examiner devant vous les aptitudes à l'engraissement si variables suivant la race des sujets. Tout le monde sait notamment qu'avec la même ration on n'engraissera point également un bœuf bressan et un bœuf nivernais.

Quoi qu'il en soit, il importerait de considérer séparément l'engraissement des bœufs précoces, voués à la boucherie à l'âge de 3 ans et les bœufs de travail adultes ou vieux que l'on veut, vers l'âge de 6, 7 ou 8 ans, livrer à la consommation ; disons seulement que l'engraissement de ces derniers est beaucoup plus coûteux, parce qu'il s'agit surtout de développer en eux le tissu adipeux, et que l'augmentation journalière de poids d'un bœuf adulte est toujours plus faible que l'augmentation de poids d'un animal jeune. Il est nécessaire de faire observer en outre qu'à mesure que s'accroit le poids de l'animal, doit s'accroître aussi proportionnellement le poids de sa ration.

L'engraissement complet doit se diviser en plusieurs périodes (au moins trois).

Bœufs à l'engrais de 500 kilogs.

	Protéine	Graisse	Fécule	Relation nutritive
1re période................	1,250	0,250	7,50	1/6,50
2e période (animal mi-gras).	1,500	0,500	7,90	1/5,5
3e période (animal gras)....	1,350	0,300	7,90	1/6

Il n'y a jamais intérêt pour le cultivateur à pousser les bœufs au dernier degré de l'engraissement ; à partir d'une certaine limite l'alimentation d'un bœuf à l'engrais devient de plus en plus coûteuse, son accroissement de poids journalier va en diminuant, de plus son estomac blasé demande une nourriture de plus en plus appétissante, par conséquent, d'un prix plus élevé. Aussitôt qu'on s'aperçoit que l'animal n'acquiert plus que quelques centaines de grammes de poids par jour, il faut le livrer au boucher. Là surtout la bascule rend d'inappréciables services.

Etant données les rations ci-dessus, voyons ce que peut coûter l'engraissement d'un bœuf, qui est généralement représenté par une augmentation de poids de 150 kilogs pendant 100 jours. Supposons que son poids initial soit de 570 kilogs et son poids final de 750 kilogs. Son poids moyen pendant l'engraissement sera donc de 675 kilogs ; en donnant aux éléments nutritifs la valeur que nous leur avons attribuées, nous voyons qu'il aura fallu après 100 jours, environ :

Protéine..........	100× 1,37 ×675/500= 181 k. 2 à 0,50=	90 fr. 50
Graisse...........	100× 0,300×675/500= 40 k. 5 à 0,20=	8 fr. 10
Fécule............	100×7.77 ×675/500=1,57,5 k. à 0,08=	12 fr. 60
	Total.....	111 fr. 20

Ainsi on aurait dépensé pour obtenir 180 kilos d'augmentation de poids vif, une somme de 111 francs, dont il faudrait déduire un poids de fumier de plus de 5.000 kilogs dans lequel il entre environ 750 kilogs de paille.

Exemple de ration de 2e période. — Bœuf de 500 kilos.

			Protéine	Graisse	Fécule	Mat. sèche
Betteraves four.	20 k.	contenant	0,240	0,040	2	2,80
Son............	4 k.	—	0,440	0,120	2	3,50
Balles de blé...	1,50	—	0,040	0,012	0,55	1,25
Tourteau colza.	1,50	—	0,380	0,135	0,36	1,30
Vesce.........	2	—	0,165	0,132	0,66	1,65
Paille.........	4,50	—	0,075	0,035	1,50	3,60
			1,340	0,354	7,07	14,10

Soins accessoires. — C'est à l'occasion du rationnement des bœufs à l'engrais, qui est en somme l'opération la plus délicate et la plus difficile à conduire fructueusement, qu'il convient d'énumérer les soins et précautions accessoires de l'alimentation. En effet, les bœufs mis à l'engrais ne tardent point à refuser la nourriture si on ne la rend pas de plus en plus appétissante, si on ne l'assaisonne pas de condiments choisis et si on ne joint pas les soins d'hygiène, de propreté, au choix judicieux des rations, des heures de repas et des boissons.

L'appétit est maintenu : 1° par la bonne qualité des fourrages et ır variété qui excite la gourmandise, la propreté qui prévient le goût et la répugnance, la prolongation du repas qui donne à la salive temps de se former; par le nombre des repas (3 repas suffisent néralement, le matin, à midi et le soir, 4 à la rigueur sont utiles aux eufs pendant les grands travaux).

Les friandises, le sel, le miel, l'alcool, le sucre, le genièvre, le ym, l'anis, le poivre sont également des moyens d'exciter l'appétit. ıns chaque repas, les fourrages les plus succulents et les plus conntrés doivent être donnés en dernier lieu.

On peut faciliter la digestion par la cuisson des aliments, leur vision mécanique, hâchage ou concassage, la macération dans l'eau ıaude ou froide.

Les pansages fréquents, la bonne tenue de la litière, une températe modérée dans les étables convenablement aérées et saines; le lme, la tranquillité, le sommeil sont des adjuvants précieux à l'enaissement rapide.

La boisson a une importance assez grande pour que l'on ne ɔive jamais négliger de s'en préoccuper; l'eau à donner aux animaux ɔit être avant tout légère et bien aérée, de préférence limpide, quoique spèce bovine s'accommode fort bien d'eau de mare plus ou moins oupie. Les eaux d'étang ou de rivière sont meilleures que les eaux de ıits. La température ne doit jamais être inférieure à 12°, surtout ndant les chaleurs; les boissons chaudes affadissent l'estomac des ıimaux quand elles ne sont pas relevées par un fourrage en suspenon (son, tourteaux, drèche, etc.).

La quantité d'eau nécessaire à un bœuf ou à un cheval de 500 k. a é démontrée égale à 30 litres environ. Souvent les fourrages (fourıges verts, betteraves, etc.), contiennent tout ou partie de ces 30 litres, ans ce cas les animaux refusent purement et simplement de boire, ıais on doit cependant leur présenter le seau ou les mener à l'abreuoir. Plus les aliments sont secs et concentrés, plus naturellement ınimal éprouve le besoin de boire abondamment et fréquemment.

Quand on vend un bœuf engraissé, on le fait au poids *vif* ou au ɔids *net*; il importe de connaître le sens de ces deux termes : le poids if ou le poids brut est celui que l'on constate par le pesage de l'animal ivant; le poids net s'entend celui de la viande, graisse et os seulement, l'exclusion du sang, de la peau, de la tête, des membres, des intestins de l'estomac. Si l'animal est en bon état, le poids net est 50 % du ɔids vif; s'il est gras, 55 %, très gras, 60 à 65 %; on arrive à 70 % ıez les animaux de concours.

Vaches. — Le plus généralement on entretient les vaches au pré u à l'étable pour la production du lait. Ce n'est qu'accessoirement qu'on leur demande de la viande et du travail. Au reste l'aptitude laitière et l'aptitude à l'engraissement sont pour ainsi dire incompatibles. Si vous considérez deux races bien tranchées telles que la race charollaise et la race bressane, vous constaterez qu'une alimentation abondante fait engraisser la première sans beaucoup augmenter la quantité du lait, tandis qu'elle fait produire de fortes proportions de lait à la seconde sans lui donner un embonpoint bien sensible. Cette différence dans les aptitudes dicte à chacun le choix de la race qu'il doit adopter suivant la spéculation à laquelle il veut se livrer.

La vache en gestation ne demande pas une alimentation aussi abondante que la vache fournissant du lait.

On peut considérer comme convenable une ration contenant par 500 k. de poids vif :

Protéine...	1 k. 150	Relation : 1/5,0 à 1/5,5
Fécule......	5 k. »»»	
Graisse	0 k. 160	

Toutefois on peut l'augmenter sans inconvénient, l'embonpoint dont la bête bénéficiera se traduira plus tard par une plus grande production de lait.

On doit être prudent vis-à-vis des femelles en gestation dans l'emploi des vinasses de distillation de pommes de terre ou de grains qui peuvent amener l'avortement.

C'est surtout aux vaches laitières que le cultivateur ne doit pas hésiter à donner une alimentation copieuse et soignée, la qualité et la nature des aliments ayant sur le lait une influence considérable. En principe, l'alimentatation au pré fournit plus de lait que l'alimentation à l'étable, en hiver notamment. Il est donc préférable de faire féconder les génisses dans le milieu de l'été. Les betteraves, raves, les germes d'orge, l'avoine, les tourteaux sont préférables aux fèverolles ou aux pommes de terre.

Quand la femelle n'allaite pas son veau, et qu'on la trait, on ne doit jamais négliger de la traire complètement; rien ne fait tarir plus rapidement le lait que d'en laisser dans le pis.

La ration d'une vache laitière doit se composer des proportions suivantes par 500 k. de poids vif :

Protéine...	1 k. 300	Relation : 1/5,4
Fécule......	6 k. 300	
Graisse	0 k. 200	

Quand on fait diminuer dans la ration la proportion de protéine, le lait devient plus aqueux et le beurre prend le goût et la consistance du suif.

L'aptitude laitière peut s'apprécier ainsi qu'il suit pour une alimentation normale comme celle que je viens d'indiquer. Si pendant une année la vache produit en lait :

10 fois le poids de son corps elle est excellente;
7 » » » » bonne;
5 » » » » moyenne;
3 » » » » mauvaise;
2 » » » » très mauvaise;

En général, les petites vaches sont bien meilleures laitières que les bêtes de grande taille.

Mais dans l'appréciation de l'aptitude laitière des vaches, il faut tenir grand compte de la qualité du lait produit qui est loin d'être constante pour toutes les races et tous les régimes.

Tout le monde sait que la composition et la quantité de beurre ou de fromage qu'il peut produire sont très variables. Si les braves femmes qui nous apportent notre lait tous les matins en connaissaient bien la composition, elles pourraient baptiser impunément bon nombre de jattes provenant de vaches abondamment nourries en éléments protéiques.

En moyenne le lait contient :

Eau 87 %	protéine, 4 %.
Matières sèches 13 %	graisse, 3,6 %.
se décomposant en.......	fécules et sucre, 4,7 %.

On voit que c'est un aliment complet, relativement riche en protéine et dont la relation nutritive est de 1/3,5, c'est-à-dire très élevée. Tous les éléments du lait sont à peu près en totalité digestibles.

On a souvent cherché à calculer combien 100 kilogs de bon foin produisent de lait, sans amaigrissement de la vache laitière : on a trouvé des quantités oscillant entre les limites très éloignées de 35 et de 95 litres de lait; en prenant la moyenne, soit 44 litres, on arriverait à trouver, en donnant au foin une valeur de 8 fr. les % k., que le litre de lait revient à 17 centimes dont il faudrait retrancher la valeur du fumier et du veau annuel produits par l'animal. Malgré cette déduction, on arriverait à démontrer que, sauf dans les pays à pâturages très gras ou dans le voisinage des grandes villes où le lait se vend un prix élevé, la production laitière, même avec de bons sujets, comme base d'une exploitation, est une mauvaise spéculation.

Elevage des Bêtes bovines. — La première condition pour avoir de bons produits, indépendamment de la question de race, est de bien nourrir la femelle en gestation. Une fois le veau mis au monde, il importe de le faire nourrir le plus longtemps possible par la mère.

Restreindre l'allaitement du veau est toujours un faux calcul ; la plus value acquise par les veaux nourris au maximum dépasse toujours la valeur tirée autrement du lait dont on les prive. Des milliers d'expériences le démontrent. Un veau qui consomme 12 litres de lait par jour augmente généralement de 1.500 gr. par jour ; s'il pèse 40 kilog. en naissant, au bout de 150 jours, il en pèsera ainsi 270 ; nourri avec 6 litres, il n'en pèserait que 157 ; différence 123 kilogs ; mais le premier se vendra certainement au boucher le double du prix du second, ce qui fait ressortir le litre de lait économisé à 50,15, prix qui n'est pas atteint dans les pays d'élevage. Quand on veut engraisser un veau au lait seulement, il faut lui en donner des quantités croissantes, de jour en jour.

Le lait doit être donné à des heures fixes, 5 à 6 fois par jour et jusqu'à satiété et le sevrage ne doit commencer que lorsque apparaît la première molaire, et ne s'opérer que d'une façon lente et progressive. Chaque semaine un repas de lait est supprimé et remplacé par un repas de bouillie tiède de composition équivalente, particulièrement de tourteau ; peu à peu on y ajoute du foin haché, de la betterave coupée en tranches minces.

Quand les veaux sont sevrés, le pâturage est leur meilleur régime.

Enfin, quand on devra les rationner à l'étable on maintiendra à cette ration une relation nutritive très étroite (se rapprochant de celle du lait 1/4 environ). Par 500 kilogs de poids vif, on donnera, entre 3 et 6 mois :

Protéine, 1 k. 75 ;
Graisse, 0 k. 500 ;
Fécule, 6 k. 500.

Le poids moyen du veau est d'environ 150 kilogs.

Entre 6 et 12 mois la relation nutritive sera rendue un peu moins étroite, 1/5 à 1/6, et le rationnement sera pour 500 kilogs de poids vif :

Protéine, 1,300 ;
Graisse, 0,300 ;
Fécule, 6,70.

Le poids moyen étant d'environ 250 kilogs.

Enfin, à partir de 1 an, la relation nutritive sera comprise entre 1/6 et 1/7. C'est-à-dire que l'on pourra donner les mêmes quantités (par 500 kilogs de poids vif) de graisse et de fécule, mais seulement 1 k. à 1 k. 1 de protéine.

Mais on ne devra jamais oublier qu'après le sevrage ce qui convient le mieux au veau d'élevage et même au veau d'engrais c'est le pâturage de bonne qualité. Une addition de 15 gr. par jour de phosphate de chaux précipité est en nos régions particulièrement indiquée.

Race Porcine

Le porc, à l'encontre des races précédentes, n'est élevé que pour la viande et la graisse, attendu que personne n'a encore songé à faire travailler les cochons, ni à livrer à la consommation le lait des truies. Il en est de ces intéressants pachydermes comme des avares dont on dit qu'ils ne font du bien qu'après leur mort.

Ce qui caractérise la race porcine, au point de vue alimentaire, est d'être omnivore ; elle consomme à volonté des aliments d'origine végétale ou animale. Toutefois la puissance de digestion de l'estomac des porcs est loin d'être comparable à celle des ruminants ; leur tube digestif beaucoup plus court ne peut utiliser que les aliments d'une digestibilité élevée. C'est ainsi que tous les fourrages ligneux ne leur profitent que très imparfaitement ; au contraire les aliments concentrés tels que les viandes desséchées, les sangs d'abattoir, les tourteaux, les débris fins de mondure, ou très facilement digestibles comme le petit lait, les débris de cuisine, ou encore les fourrages verts très tendres, les feuilles de betteraves ou de choux leur conviennent particulièrement ; on sait que certains fruits, tels que les glands, leur profitent spécialement parce qu'ils donnent à la chair de porc beaucoup de fermeté et de finesse.

Le porc, surtout quand il est jeune, demande une relation nutritive assez étroite, 1/4 environ, ration que l'on peut élargir progressivement jusqu'à 1/6 sans dépasser ce dernier rapport. Autrement dit, il faut aux gorets particulièrement une forte proportion de protéine dans la ration. Ceci condamne sans réplique la coutume de trop de cultivateurs de nourrir en grande partie leurs porcs avec des pommes de terre bouillies qui sont, comme je l'ai dit, un aliment très féculent et pauvre en protéine. Non point que je proscrive ce tubercule dans l'alimentation du porc, mais il doit être soutenu par des aliments concentrés, formés de viande ou tourteaux, grains de maïs ou d'orge concassés ; et, au moment où ces insectes pullulent, par des hannetons frais.

Si nous suivons pas à pas les diverses phases de l'élevage du porc nous dirons que leur allaitement doit durer de 6 semaines à 2 mois, allaitement entremêlé progressivement au bout de 3 semaines de bouillies de tourteaux et de farine et de petit lait.

Quand le porc est sevré, on lui donne l'une ou l'autre des deux destinations suivantes : ou bien on l'engraisse immédiatement, ou on le laisse croître maigre pour ne l'engraisser qu'à 8 ou 10 mois.

Ces derniers sont généralement mis au pâturage ; c'est là une coutume qui convient spécialement à la petite culture surtout dans les terrains pauvres, marécageux et boisés.

Dans ces conditions, le jeune porc ou nourrin est ensuite vendu à des engraisseurs habitant des pays plus riches ou disposant de résidus industriels : féculiers, équarisseurs, distillateurs, etc., qui les achètent maigres pour les porter rapidement à un haut degré d'embonpoint.

Quand on veut engraisser les porcelets aussitôt après le sevrage on les doit soumettre, ai-je dit, à un régime très riche en protéine, et en même temps plus aqueux que pour toute autre espèce animale. Voici quelles sont les quantités d'éléments utiles que doit contenir la ration par 500 kilogs de poids vif :

Protéine digestible...	2,75	Relation nutritive : 1/4,5.
Fécule	10,00	
Graisse.............	1,00	

Au fur et à mesure que l'animal s'accroît, on augmente la ration proportionnellement à son poids mais on élargit la relation de façon à la porter successivement à 1/5 et 1/6 à la fin de l'engraissement.

Ainsi nourri, le jeune porc s'engraisse plus rapidement qu'aucun autre animal domestique : pendant une période de croissance et d'engraissement de 8 mois, il augmente environ de 120 kilogs, soit 0,9500 par jour et atteint une valeur de 100 francs environ.

Les Verrats et les Truies. — Les reproducteurs de la race porcine doivent être copieusement nourris, mais sans excès, pour éviter l'engraissement qui est aussi préjudiciable aux fonctions du mâle qu'à celles de la truie en gestation : voici une bonne proportion d'éléments nutritifs pour les uns et les autres (par 500 k.).

Protéine...........	1 k. 700	Relation : 1/5 à 1/55.
Graisse............	0 k. 600	
Fécule.............	8 k.	

Aussitôt que la truie a mis bas, généralement un très grand nombre de gorets, il lui faut une alimentation beaucoup plus abondante.

Protéine...........	2 k. 50	Relation : 1/4 à 1/4,5.
Graisse............	0 k. 700	
Fécule.............	9 k.	

Voici un exemple de ration contenant ces éléments pour une truie de 100 kil.

4 kil. pommes de terre bouillies.

3 kil. choux ou carottes.

6 kil. petit lait.

1 k. 500 de son fin.

Je dirai en terminant que le porc est de tous les animaux celui qui peut absorber la plus forte proportion d'aliments relativement à son poids vif, de 3 à 4 °/o par jour. Une quantité de 20 à 25 gr. de sel sera très utile pour exciter l'appétit et favoriser la digestion. Plus tard on passera graduellement de la ration d'allaitement à celle de gestation.

On ne doit pas garder les truies destinées à la reproduction au delà d'un âge de 2 1/2 à 3 ans ; à cet âge, il faut les engraisser rapidement et les livrer à la consommation.

Exemple de Rationnement

d'une Étable de Bêtes bovines dans une Ferme en hiver

Pour terminer par un exemple vraiment pratique ce long exposé et pour vous montrer comment un fermier soigneux peut se tirer judicieusement du problème de l'alimentation du bétail pendant la mauvaise saison, je vais supposer l'hypothèse, d'ailleurs très plausible que voici.

Une ferme possède 25 bêtes à cornes se décomposant ainsi :

8 bœufs de travail................	pesant	4.000 k.
2 bœufs à l'engrais.......................	—	1.500 k.
10 vaches laitières ou fraîchement vélées....	—	4.000 k.
5 veaux sevrés ou génisses.............	—	1.000 k.
		10.500 k.

Si j'applique à cette étable les formules de rationnement indiquées pour chacun des sujets, je trouve le tableau suivant :

	Protéine	Graisse	Fécule	Poids de matière sèche
Bœufs demi travail...	6k30	1k60	43k60	3 °/o du
Bœufs à l'engrais....	4,50	1,05	23,70	poids
10 vaches...........	8,20	2,00	55,10	total
5 veaux.............	2,90	0,60	13,500	soit
	21k900	5k25	135k800	300 k.

J'évalue à 200 jours le temps pendant lequel l'étable devra vivre sur les approvisionnements, par conséquent il faudra multiplier par 200 les quantités ci-dessus ; il faudra donc à ce bétail en chiffre rond :

Protéine................... 4. 400 k.
Graisse.................... 1. 000 k.
Fécule...................... 28. 000 k.

Poids de matières sèches.. 60. 000 k. au maximum.

Or notre fermier a, en réserve, en supposant qu'il ait mis de côté du foin et de l'avoine pour ses chevaux que je ne fais pas entrer dans le calcul :

20.000 k. foin qualité moyenne.
15.000 k. trèfle rouge.
50.000 k. betteraves.
20.000 k. pommes de terre.
40.000 k. paille.
5.000 k. balles de froment.

La lecture des tables de Wolff nous donne pour ces matières la composition suivante :

	Protéine	Graisse	Fécule	Matière sèche
20.000 k. foin..............	1.140 k.	320 k.	6.000 k..	17.140 k.
15.000 k. trèfle	1.155	225	4.500	12.750
50.000 k. betteraves...... .	550	50	4.500	6·770
20.000 k. pommes de terre..	400	60	4.000	5. 000
40.000 k. paille............	600	280	8.000	34.300
5.000 k. balles de froment.	130	40	1.250	4.285
	3.975	975	28.250	80.245

On voit qu'il manquera :

Protéine	Graisse	Fécule
425 k.	25 k.	0 k.

Mais il y a quelque chose de plus grave, c'est que le poids des matières sèches est supérieur à ce que les animaux peuvent en absorber 80.000 k. au lieu de 60.000, ce qui représenterait à peu près 4 °/ₒ du poids vif par jour; il est donc de toute nécessité de diminuer ce poids en diminuant l'aliment le moins concentré, c'est-à-dire la paille, en le remplaçant par un aliment très concentré, son, farine de maïs ou mieux encore tourteau de graines oléagineuses. Si nous retranchons 20.000 k. de paille, il nous restera comme quantités :

Protéine	Graisse	Fécule	Mat. sèche
3. 675 k.	835 k.	24. 250 k.	60. 245 k.

Soit un déficit de :

Protéine	Graisse	Fécule
725 k.	165 k.	400 k.

Ce qui nécessitera l'achat par exemple de tourteaux de coton décortiqués. Pour obtenir 725 kilogs de protéine digestible, étant donné la composition des tourteaux de coton décortiqués, il en faudra environ 2.500 kil. qui donneront en même temps 125 kilogs de graisse et 600 kilogs environ de fécule.

Le fermier aura donc ainsi la certitude d'assurer à son bétail 200 jours d'alimentation rationnelle productive.

Et la paille, dira-t-on, que devra-t-il en faire ? Une bonne partie sans doute passera dans le fumier, une autre partie restera en pailler pour les besoins de l'été ; mais s'il en reste, hé bien, je n'hésiterai pas à dire au fermier : « Vendez-la au mieuxde vos intérêts ».

Je sais que je heurte ici une coutume qui n'est plus à l'heure actuelle qu'un préjugé : dans nombre de baux il est écrit que le fermier ne devra pas vendre ses pailles. C'est là une clause restrictive qui mérite d'aller rejoindre les vieilles lunes. Les contrats de ce genre sont antérieurs aux découvertes de la science moderne et je ne vois pas pourquoi un exploitant ne vendrait pas sa paille quand elle vaut 9 fr. les °/₀ kil. pour acheter des engrais et des tourteaux valant 15 fr. qui représentent une puissance alimentaire 8 à 10 fois supérieure ; je vous donne là, Messieurs, un conseil pratique dont chacun de vous peut apprécier la justesse.

L'exemple de rationnement d'une étable par lequel je termine mon exposé vous démontrera qu'il n'est point tellement difficile de réaliser une alimentation rationnelle d'un cheptel, le problème n'exige pour être résolu par tout le monde que deux objets : une bascule et un tableau de la composition chimique des fourrages, que l'on trouve dans tous les ouvrages traitant de la question.

Dans le cadre réduit d'une conférence unique, je n'ai pu que vous montrer qu'il existe à l'heure actuelle des principes scientifiques exacts, à l'aide desquels le cultivateur peut diriger à son gré, vers un but déterminé, l'alimentation de son bétail. L'agriculteur qui les connaît et les observe se place, vis-à-vis de celui qui les ignore, dans un état d'incontestable supériorité. Pour l'alimentation du bétail comme pour toute spéculation humaine, le praticien a besoin de s'appuyer sur la science et ce n'est que par l'union de ces deux éléments, la théorie et la pratique, qu'on assure ce résultat assigné à toute entreprise, la prospérité.

Il me reste à vous citer, en terminant, quelques-uns des ouvrages pris parmi les plus récents et les plus accessibles au public agricole. Ce sont :

Le *Traité d'alimentation du bétail* de M. Damseaux.

L'*Alimentation du bétail* de M. Samson.

Le *Traité d'alimentation rationnelle* de M. Crevat.

L'*Alimentation rationnelle du bétail* de M. Ayraud, un des ouvrages les plus clairs que l'on puisse consulter.

Enfin l'*Alimentation des animaux domestiques* de M. Sidérius (1893).

TABLEAU

DE

LA COMPOSITION DES PRINCIPAUX FOURRAGES

(Extrait du tableau de Wolff)

DÉSIGNATION DES FOURRAGES	1.000 k^os de Fourrage contiennent normalement					
	HUMIDITÉ	ACIDE phosphorique	CELLULOSE	SUCRE ou FÉCULE	PROTÉINE digestible	GRAISSE digestible
FOURRAGES SECS						
Foin de prairie	143	4	280	400	57	16
Regain	150	4	219	423	86	16
Luzerne	160	5	300	310	98	16
Esparcette en fleur	167	5	271	342	90	17
Pois en fleur	167	7	252	342	100	18
Lupuline	167	5	262	332	101	23
Ray-grass anglais	143	5	302	361	66	17
Moha de Hongrie	134	3	294	385	71	14
Seigle fourrage	143	8	231	445	76	18
Trèfle hybride	160	4	270	327	102	22
Trèfle blanc	165	8	256	339	100	24
Trèfle rouge	150	6	280	381	77	15
Lupin en fleur	167		252	288	162	14
Consoude rugueuse	222	6	173	288	101	8
Paturin des prés en fleur	143		326	368	55	14
Vulpin — —	143		290	369	70	17
FOURRAGES VERTS						
Herbe de pâturage	800		45	92	27	6
— — en fleur	750		60	131	23	6
Ray-grass d'Italie	744		71	121	26	7
— anglais	700		106	128	24	6
Seigle fourrage	760		79	104	22	5
Avoine fourrage	810		65	83	16	3
Vesce en fleur	820		55	66	24	4
Esparcette en fleur	800		65	82	21	4
Trèfle rouge en fleur	780		68	95	22	5
— — avant fleur	830		45	70	24	5
— blanc en fleur	805		60	72	24	5
— hybride	820		60	63	22	4
— incarnat	815		62	73	18	5
Luzerne 1re fleur	740		95	92	30	5
— jeune	810		50	72	33	6
Lupuline	800		60	82	24	5
Pois en fleur	815		56	76	22	4
Féverolle en fleur	873		35	61	20	2
Lupin —	853		35	66	23	2
Sarrazin —	850		42	64	17	4
Moha —	700		102	134	24	5

DÉSIGNATION DES FOURRAGES	1.000 kos de Fourrage contiennent normalement					
	HUMIDITÉ	ACIDE phosphorique	CELLULOSE	SUCRE ou FÉCULE	PROTÉINE digestible	GRAISSE digestible
FOURRAGES VERTS (Suite)						
Maïs ordinaire en fleur	820		45	106	10	3
Maïs géant vert	813		50	110	9	2
— — ensilé	813		47	110	9	4
— mi-sec en moyettes	460		143	310	29	11
Sorgho sucré	773		67	117	18	5
Chardon jaune	867		14	61	26	8
Feuilles de panais	800		38	95	26	8
— de carottes	822		30	71	27	8
— de betteraves	905	1	13	40	16	4
— de navet	800	1				
— de rutabaga	884	2	16	52	18	4
— de choux-rave	850		14	82	25	7
— de topinambour	800		34	98	27	7
— de vigne	747		45	106	49	19
— de mûrier	650			235		
— de maïs	720		52	136	56	8
— de choux fourrage	847		24	81	21	6
Colza en vert	870		42	37	29	4
Bruyère	546		197	151	37	17
RACINES ET TUBERCULES						
Pommes de terre	750	1	11	206	20	3
Topinambours	800	2	13	154	19	3
Betteraves	866	2	11	100	11	1
Betteraves à sucre	815	1	13	154	9	1
Carottes	850	1	17	108	12	2
Rutabagas	870	1	11	95	12	1
Panais rond	883	1	10	102	15	2
Panais long	800		30	130	20	4
Turneps	920	2	8	53	10	1
Raves	915	1	8	60	8	1
Patates	830	1	7	138	11	3
Cerfeuil bulbeux	660		10	276	35	3
GRAINES-SEMENCES						
Blé dur	140		28	618	165	18
Blé demi-dur	140	8	26	662	126	16
Blé tendre	140		24	693	106	16
Seigle	143	8	35	674	106	19
Orge	143	7	71	639	92	23
Avoine	143	6	93	557	107	53
Maïs	144	6	55	621	93	60
Millet	140	9	64	591	134	28
Sarrazin ordinaire	140	6	120	590	95	17
Sarrazin de Tartarie	140	5	150	587	74	12
Riz mondé	140	2	22	754	75	4
Sorgho	130	8	50	615	100	56
Pois	143	9	94	525	208	19
Féverolle	145	11	64	459	227	14
Fève de jardins	148	10	37	495	252	21

DÉSIGNATION DES FOURRAGES	1.000 kos de Fourrage contiennent normalement					
	HUMIDITÉ	ACIDE phosphorique	CELLULOSE	SUCRE ou FÉCULE	PROTÉINE digestible	GRAISSE digestible
GRAINES-SEMENCES (Suite)						
Haricots blancs	110	12	28	488	261	29
Haricots doliques	550		50	546	191	18
Vesces	143	8	67	458	253	28
Lentilles	145	5	69	492	219	24
Gesses	140		54	500	241	18
Lupin	130	14	138	359	297	42
Esparcette	160	11			190	
Lin	183	13	72	196	187	337
Colza	118	16	103	121	171	374
Chanvre	222	17	121	213	140	289
Pavot	147	16	61	154	163	381
Pépins de raisin	390	6			70	80
Glands non décortiqués	560	2	45	342	18	21
Châtaignes décortiquées	490	2	8	432	32	21
Marrons d'Inde décortiqués	492	3	29	387	60	13
FRUITS CHARNUS						
Citrouille	914		15	52	10	1
Figues de Barbarie	784		37	149	4	16
Raisins	789		45	158	6	
Pommes	830	0.4	29	133	3	
Poires	835	0.6	46	114	2	
Prunes	803	0.6	40	148	3	
PAILLES						
Froment d'hiver	143	2	440	326	15	7
Seigle d'hiver	143	2	480	298	11	6
Epeautre d'hiver	143	3	450	318	12	7
Orge d'hiver (escourgeon)	143		430	325	16	7
Orge de printemps	143	2	400	362	21	7
Avoine	148	2	420	342	17	10
Vesce	160	3	420	290	38	5
Pois	160	4	380	340	36	5
Lentille	160		336	279	84	12
Féverolle	160	4	340	342	61	6
Lupin	160	4	408	321	30	6
Maïs	150	4	400	367	16	6
Colza	160	3	400	345	18	5
Esparcette légèrement battue	160		320	340	62	12
Trèfle ayant porté graine	160	4	420	250	47	10
Sarrasin	160	2				
Millet	190					
BALLES, SILIQUES, COSSES						
Froment	143	4	360	356	26	8
Epeautre	143	6	400	326	19	7
Seigle	143	5	450	299	18	6
Avoine	143	1	340	362	24	9
Orge	143	2	300	382	20	10

DÉSIGNATION DES FOURRAGES	1.000 kos de Fourrage contiennent normalement					
	HUMIDITÉ	ACIDE phosphorique	CELLULOSE	SUCRE ou FÉCULE	PROTÉINE digestible	GRAISSE digestible
BALLES, SILIQUES, COSSES (Suite)						
Vesce	150		330	335	52	12
Pois	150		320	369	50	12
Féverolles	150	3	330	340	64	12
Lupin	143	1	370	390	26	10
Colza	140	3	406	313	21	8
Rafle de maïs	140	0.2	378	426	8	8
PRODUITS INDUSTRIELS						
Tourteau de lin	115	16	110	373	249	88
— **de colza**	150	21	138	238	254	79
— **de pavot (œillette)**	106	32	114	296	283	70
— **de chenevis**	105	37	220	283	202	46
— **de noix mondée**	140	20	64	278	322	116
— **de soleil décortiqué**	100	18	109	221	277	99
— **de sésame**	115	20	95	210	307	104
— **d'arachide décortiquée**	75	15	82	172	432	65
— **d'arachide non décortiquée**	98	5	219	188	244	78
— **de noix de coco (coprâh)**	127	15	146	344	194	81
— **de palmiste**	91	11	215	364	124	100
— **d'amandes**	97		89	206	372	137
— **de madia**	112	24	257	98	224	106
— **de cirier (myrica)**	70		42	159	514	86
— **d'olives**	118	1	333	270	37	81
— **de graines de citrouille mondée**	120		40	80	525	107
— **de graines de courge brutes**	107	23	84	218	369	105
— **de béraf (graines de pastèques)**	97	15	228	231	229	55
— **de graines de melon**	105	18	255	203	199	59
— **de niger de l'Inde**	105	17	132	271	277	46
— **de cameline**	150	18	130	309	218	72
— **de faines décortiquées**	125		55	298	348	70
— **de faines non décortiquées**	100	10	305	238	160	44
— **de coton décortiqué**	101		96	274	305	98
— **de coton non décortiqué**	115	20	208	306	187	47
— **de germes de maïs**	102	34	103	456	137	101
— **de pepins de raisin**	104	7	270	316	97	74
— **de touloucouna brut**	120	9				
— **de moutarde blanche**	105	20				
Farine de lin dégraissée	97		66	377	318	42
— **de colza dégraissée**	70		149	345	271	22
— **de palme dégraissée**	90		286	364	128	28
— **de fourragère d'orge**	111		319	348	74	31
— **de fourragère de riz**	107		105	482	101	85
— **de froment blutée**	155	2	5	723	119	11
— **de seigle blutée**	144	3	15	693	115	20
— **d'orge blutée**	150	10	20	650	128	22
— **d'avoine blutée**	123		20	619	174	59
— **de maïs blutée**	100	3	10	700	150	38
— **de sarrasin blutée**	153	3	100	613	81	42
— **d'épeautre blutée**	128		23	665	115	25

DÉSIGNATION DES FOURRAGES	1.000 kos de Fourrage contiennent normalement					
	HUMIDITÉ	ACIDE phosphorique	CELLULOSE	SUCRE ou FÉCULE	PROTÉINE digestible	GRAISSE digestible
PRODUITS INDUSTRIELS (Suite)						
Fraine de millet blutée	129	5	37	622	147	40
— de riz blutée	125	46	8	761	91	8
Son de froment	131	29	178	459	112	30
— de gruau de froment	113		93	509	179	40
— de seigle	125	34	150	493	120	29
— de maïs	120		125	612	69	34
— de sarrasin	140	36	147	464	142	36
— de gruau de sarrasin	180		70	350	209	67
— d'orge	120	11	194	456	115	32
— de millet	95		576	144	23	16
Drèche de brasserie	766	4	62	106	36	4
Germes d'orge de brasserie	80	18	175	422	207	20
— d'avoine de brasserie	121		226	448	98	30
— de froment pur (de mouture)	115		96	222	348	111
Marc de raisins frais	500	4	90	260	66	25
Pain de froment blanc	370		8	542	69	5
— de froment bis	363		30	495	81	12
— de seigle	430		12	693	44	8
Pulpes de betteraves (pressées)	700	1	63	183	14	2
— de betteraves turbinées	820		36	121	8	1
— de betteraves diffusion, frais	948	0.2	10	33	4	1
— de betteraves macération (champonnois)	888	1	20	70	13	1
— de betteraves macération fermentées	920		18	48	6	1
— distillation de mélasse	920			44	20	
— distillation de pommes de terre	948		6	29	9	1
Germes distillation de seigle	897		15	57	17	4
— distillation de maïs	906		10	50	17	9
— distillation de maïs (pressées			264			
en tourteaux)	100	9	23	69	254	84
— féculerie (pommes de terre)	810	0.3	27	114	7	1
— amidonnerie (de seigle)	700		30	189	56	14
— amidonnerie (de froment)	720			165	56	14
Mélasses de betteraves	172			645	80	
Pain de créton	87				743	130
Œuf de poule	670	4			130	80
Viande moulue d'Amérique	115				728	120
— maigre d'équarrissage	750				200	20
Lait de vache naturel	873	1.9		40	40	40
— de vache concentré	215			529	102	129
— de vache écrêmé	900			42	41	8
— de beurre (relait)	900			44	41	10
— de fromage (petit lait)	939			44	8	3
Crême	620			29	27	318
Fromage blanc frais	688			60	150	94
— gruyère	400			15	315	240
			Alcool			
Bière de Strasbourg	969		30	41	5	2
Cidre d'Alsace	971		70	27	1	4
Vin	960	0.5	80	30	1	5
Eau-de-vie			400			

OUVRAGES DU MÊME AUTEUR

ultats d'expériences de culture à l'aide des Engrais chimiques, communication faite à la Société des sciences industrielles à Lyon, 1881.

nseignement élémentaire de l'Agriculture, Conférence faite à la Société d'économie politique de Lyon, 1883.

Blé, sa Culture et ses Conditions économiques, Conférence faite au Comice Agricole de Lyon, 1884.

BONE A TUNIS, SOUSSE & KAIROUAN, voyage agronomique en Tunisie, de 280 pages, 1885, édition illustrée.. F. 4 50
2e édition.. F. 2 50

Procédés nouveaux de l'Agriculture, Conférence faite au Concours régional de Lyon, 1885.

FRANCE EN ALLEMAGNE, Etude Agricole et économique sur l'Empire Allemand, 1 volume, 415 pages, in-8º... F. 3 50

de pratique pour la connaissance et l'emploi des Engrais chimiques, Lyon, 1889.

lucation physique, Conférence faite à la Société d'économie politique de Lyon, 1891.

VIN & L'ART DE LA VINIFICATION, 1 volume, avec 67 figures intercalées dans le texte; Baillière, éditeur, Paris, 1892.

Bourg, imprimerie VILLEFRANCHE. — 169-94

www.ingramcontent.com/pod-product-compliance
Lightning Source LLC
LaVergne TN
LVHW012016160826
845678LV00002B/873

9782329664088